国家中等职业教育改革发展示范学校建设项目成果教材

电梯职业认知

广州市机电高级技工学校　组编

主　编　甄志鹏
副主编　王宴珑
参　编　梁永波
主　审　赖圣君

机械工业出版社

本书是根据国家中等职业教育改革发展示范学校建设计划，依据珠三角地区经济发展特色，结合德国职业教育理念，基于企业工作过程，针对初接触电梯行业的学生知识水平和国家对电梯从业人员职业素质要求，践行职业教育工学结合一体化教育理论，同时参考电梯公司新员入职培训要求编写而成。

本书主要内容包括电梯从业人员入职培训三个典型工作任务，分别侧重引导学习者认识电梯行业发展历程和发展前景、电梯公司对电梯从业人员的各个岗位需求和综合素质要求、根据电梯岗位的价值拟订职业生涯规划。每一个学习任务通过问题引入，以工作页形式呈现，引导学习者在实例中将制订调研方案、选择合适方法执行调研方案、形成调研方案三个环节有机整合在一起，使其真正做到学习的工作过程系统化。

本书可作为职业院校机电一体化专业（电梯安装与维修方向）教材，也可作为电梯安装与维修等岗位的岗前培训教材。

图书在版编目（CIP）数据

电梯职业认知/甄志鹏主编；广州市机电高级技工学校组编．—北京：机械工业出版社，2013.8（2024.8 重印）
国家中等职业教育改革发展示范学校建设项目成果教材
ISBN 978-7-111-43692-8

Ⅰ.①电… Ⅱ.①甄…②广… Ⅲ.①电梯-安装-中等专业学校-教材② 电梯-维修-中等专业学校-教材 Ⅳ.①TU857

中国版本图书馆 CIP 数据核字（2013）第 187164 号

机械工业出版社（北京市百万庄大街 22 号 邮政编码 100037）
策划编辑：高 倩 责任编辑：高 倩 范政文
封面设计：路恩中 责任印制：单爱军
北京虎彩文化传播有限公司印刷
2024 年 8 月第 1 版第 10 次印刷
184mm×260mm ·4.25 印张·88 千字
标准书号：ISBN 978-7-111-43692-8
定价：19.00 元

电话服务	网络服务
客服电话：010-88361066	机 工 官 网：www.cmpbook.com
010-88379833	机 工 官 博：weibo.com/cmp1952
010-68326294	金 书 网：www.golden-book.com
封底无防伪标均为盗版	机工教育服务网：www.cmpedu.com

示范学校建设项目成果教材
编审委员会

前言

为全面落实“以就业为导向、以全面素质为基础、以能力为本位”的职业教育办学指导思想，着力提高学生综合职业能力。也为适应不断增长的电梯从业人员需求，我校根据国家中等职业教育改革发展示范学校建设计划，引入德国“双元制”教学模式，结合电梯企业岗位实际，开发岗位工作过程系统化模式的学习领域课程，培养学习具备适应岗位工作需要的专业能力及适应专业发展需要的关键能力。本书即是为适应此课程模式开发的理实一体化教材。

本书主要介绍电梯从业人员入职培训中的三个典型工作任务，重点强调学习者通过完成典型工作任务，经历完整的工作过程，培养适应岗位工作需要的专业能力及适应专业发展需要的关键职业能力，从而使电梯从业人员迅速对电梯行业有初步认识，产生职业认同感，编写过程中力求体现理论与实践一体、构建教学内容与企业岗位实际一致的学习情境的特色。本书编写模式新颖，以完成总体工作过程时相关岗位群的具体工作环节为情境的学习任务，结合具体工作环节的任务要求进行跨学科相关知识与技能等能力点的重构。课程章节任务单元的安排依照“获取信息、计划与实施、评价与反馈”完整工作过程序列，以引导问题为主线，每个学习任务设有安全设置的检查，树立学习者的安全意识，学习任务依照岗位实际规律，课程体系遵循职业成长规律。

本书在内容处理上主要有以下几点说明：①电梯安装无特别说明是指直梯的安装；②教学过程强调安全设置的检查与教育；③教学建议以小组为单位，可进行小组讨论、展示（示范）、教师示范（指导）、总结等教学形式；④建议完成本课程学时为36课时。

本书由甄志鹏主编，王宴珑副主编，梁永波参编。具体分工如下：甄志鹏编写学习任务一，王宴珑编写学习任务三，梁永波编写学习任务二。

编写过程中，编者参阅了大量国内外出版的有关教材和资料，并得到了林耀荣高级工程师、梁伯豪高级工程师、胡权基高级技师、广东菱子电梯公司江俊彪经理、罗恒年高级讲师的指导与帮助，这些行业、企业专家以及本书主审赖圣君在本专业课程开发及本书审稿过程中提出了很多宝贵的建议，在此对他们表示衷心的感谢！

由于示范校建设工作尚在探索过程中，仍需要在实施过程中不断完善，书中不妥之处恳请读者批评指正。

编　者

目录

学习任务一　电梯发展认知

【学习目标】

完成本学习任务后，学生应当能够：

1）阐述电梯的定义、不同用途的电梯的作用及其特点。

2）在教师指导下，制订调研电梯行业的计划。

3）根据了解电梯行业的计划，以观看电梯视频、网络查找电梯资料、查阅专业报告和参加专题讲座等方式，初步整理归纳电梯发展历程和趋势的资料，并提出对电梯发展历程和发展趋势的看法。

4）在教师指导下，参观电梯公司，解决部分对电梯发展历程和发展趋势的问题。

5）在教师指导下，以小组合作方式，归纳形成《电梯发展史和发展趋势》专题报告。

6）在教师指导下，以小组合作方式，召开电梯专题讲座及会专家座谈，论证《电梯发展历程和发展趋势》专题报告。

建议 12 学时完成本学习任务。

内容结构

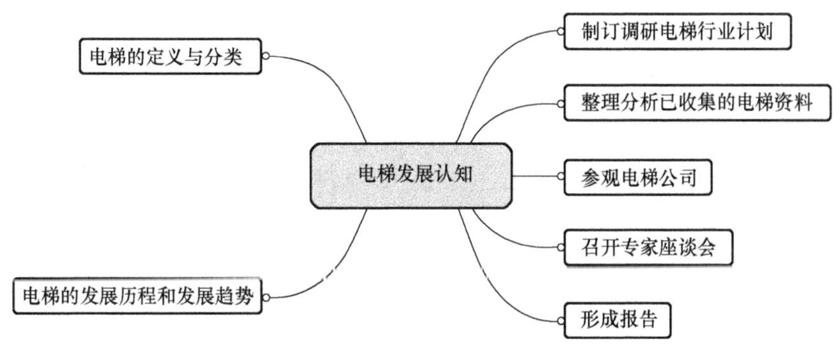

学习任务描述

在现代社会和经济活动中，电梯已经成为城市现代化的一种标志，电梯是城市建设不可缺少的运输设备。电梯是应用电子技术、计算机技术、自动控制技术、微电子技术、电气技术，并加以研发整合成的智能设备。

每一位准备从事电梯行业的学生，都应了解电梯起源、现状以及未来发展的方向。请同学们合理运用各种方法，了解电梯发展历程和趋势，整理电梯相关资料，归纳形成《电梯发展历程和发展趋势》专题报告。通过撰写报告，加深了解电梯对人类生活的重要性，认识到电梯行业是蒸蒸日上的行业。

一、学习准备

引导问题1：电梯已经成为人们日常生活中不可或缺的交通工具，可是你知道什么设备才是电梯吗？国家标准是如何对电梯定义的？电梯行业以什么原则对电梯分类？

1. 狭义电梯（根据GB/T 7024-2008《电梯、自动扶梯、自动人行道术语》）：一种以电动机为____________的垂直升降机，装有箱状吊舱，用于多层建筑____________或____________。服务于规定楼层的固定式升降设备。它具有一个轿厢，运行在至少两列垂直的或倾斜角小于15°的刚性__________之间。轿厢尺寸与结构形式便于乘客出入或装卸货物。英译：elevator（一般商业用此词）；lift；moving staircase。而斜行的扶梯英译为escalator。

2. 广义电梯（根据《特种设备安全监察条例》）：是指动力驱动，利用沿刚性导轨____________的箱体或者沿固定线路____________的梯级（踏步），进行升降或者____________运送人、货物的机电设备。广义电梯包含垂直电梯、____________和____________。

3. 电梯可以按用途、____________、速度、____________和控制方式等方式分类。

4. 电梯按用途可分为：

（1）乘客电梯：为运送__________设计的电梯，要求有完善的安全措施以及一定的轿内装饰，如图1-1所示。

（2）载货电梯：主要为运送__________而设计，通常有人伴随的电梯，如图1-2所示。

（3）医用电梯：为运送____________而设计的电梯，轿厢具有长而窄的特点，如图1-3所示。

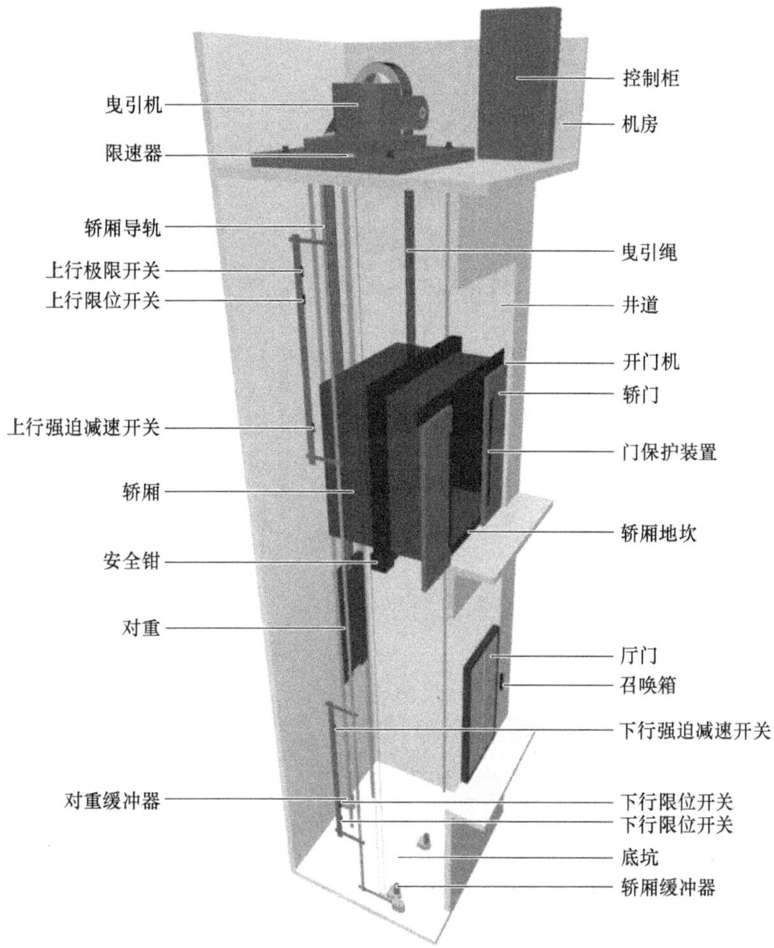

图 1-1　乘客电梯

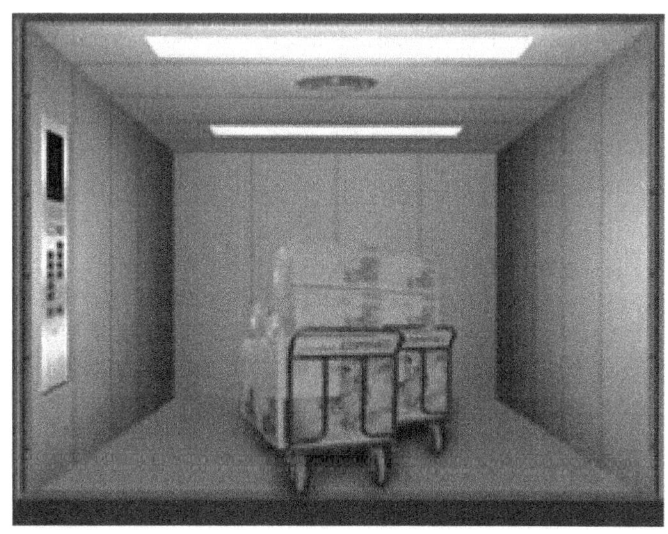

图 1-2　载货电梯

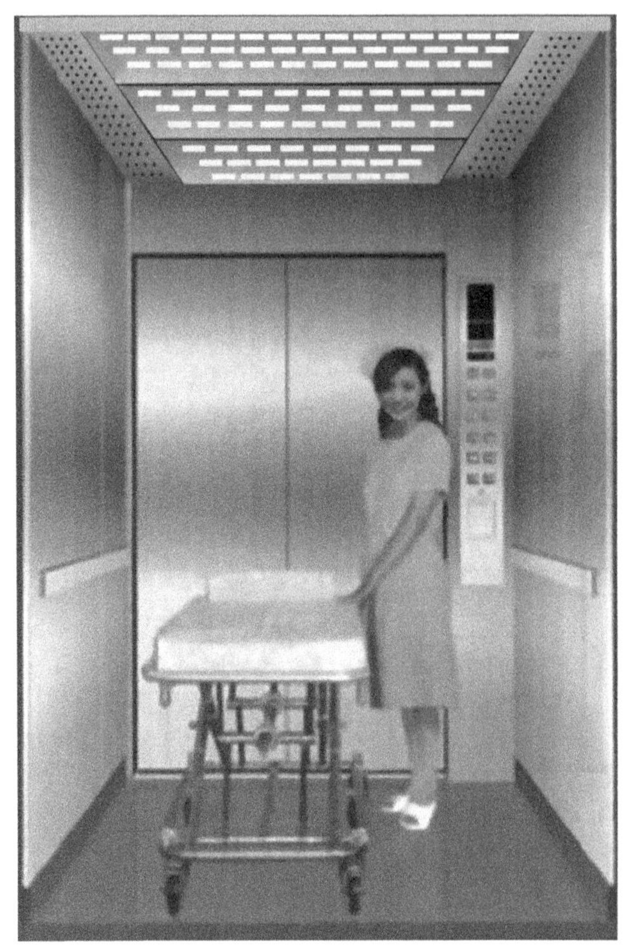

图 1-3　医用电梯

（4）杂物电梯：供图书馆、办公楼、饭店运送______________________等设计的电梯，如图 1-4 所示，其特点是___________________。

（5）观光电梯：轿厢壁透明，供乘客__________用的电梯，如图 1-5 所示。

（6）车辆电梯：用作装运__________的电梯，如图 1-6 所示。

（7）船舶电梯：船舶上使用的电梯。

（8）建筑施工电梯：建筑____________的电梯。

（9）其他类型的电梯：除上述常用电梯外，还有些特殊用途的电梯，如冷库电梯、防爆电梯、矿井电梯、电站电梯、消防员用电梯等。

5. 电梯按驱动方式可分为：

（1）交流电梯：用__________电动机作为驱动力的电梯。根据拖动方式又可分为__________速、__________速、__________调速、__________调速等电梯。

图 1-4　杂物电梯

图 1-5　观光电梯

图 1-6　车辆电梯

（2）直流电梯：用__________电动机作为驱动力的电梯。这类电梯的额定速度一般在 2.00m/s 以上。

（3）液压电梯：一般利用__________________驱动液体流动，由柱塞使轿厢升降的电梯。

（4）齿轮齿条电梯：将导轨加工成齿条，轿厢装上与齿条啮合的齿轮，电动机带动齿轮旋转使轿厢升降的电梯。

（5）螺杆式电梯：将直顶式电梯的柱塞加工成矩形螺纹，再将带有推力轴承的大螺母安装于油缸顶，然后电动机经减速机（或传送带）带动螺母旋转，从而使螺杆顶升轿厢上升或下降的电梯。

（6）直线电动机驱动的电梯。其动力源是__________电动机。

6. 电梯按速度分为：

（1）低速梯，常指低于__________m/s 速度的电梯。

（2）中速梯，常指速度在__________ ~ __________m/s 之间的电梯。

（3）高速梯，常指速度在__________ ~ __________m /s 之间的电梯。

（4）超高速梯，常指速度超过 4.00m/s 的电梯。

随着电梯技术的不断发展，电梯速度越来越高，区别高、中、低速电梯的速度限值也在相应地提高。

7. 电梯按有无司机可分为：

（1）有司机电梯：电梯的运行方式由__________操纵来完成。

（2）无司机电梯：乘客进入电梯轿厢，按下操纵盘上所需要去的层楼按钮，电梯自动运行到达目的层楼，这类电梯一般具有__________功能。

（3）有/无司机电梯：这类电梯可变换控制电路，平时由__________操纵，如遇客流量大或必要时改由__________操纵。

8. 电梯按控制方式可分为：

（1）手柄开关操纵电梯：电梯司机在轿厢内控制__________开关，实现电梯的起动、上升、下降、平层、停止的运行状态。

（2）按钮控制电梯：是一种简单的自动控制电梯，具有__________功能，常见有轿外按钮控制、轿内按钮控制两种控制方式。

（3）信号控制电梯：这是一种__________程度较高的__________司机电梯。除具有自动平层，自动开门功能外，还具有轿厢命令登记、层站召唤登记、自动停层、顺向截停和自动换向等功能。

（4）集选控制电梯：是一种在信号控制基础上发展起来的__________控制的电梯，与信号控制的主要区别在于能实现__________司机操纵。

（5）并联控制电梯：__________ ~ __________台电梯的控制线路并联起来进行逻辑控制，共用层站外召唤按钮，电梯本身都具有集选功能。

（6）群控电梯：是用微机控制和统一调度多台集中并列的电梯。群控有梯群的程序控制、梯群智能控制等形式。

二、计划与实施

引导问题2： 你通过什么方式了解电梯安装与维修专业？你选择电梯安装与维修专业的理由是什么？你通过什么方法更加深入了解我国的电梯行业？

1. 你知道我校的电梯安装与维修专业在广州市职业院校中的影响吗？请你通过各种方式查找我校电梯专业的资料，并与我校电梯专业教师详谈确认相关的信息，整理归纳出我校的电梯安装与维修专业的发展史、师资和工场设备，并填写表1-1。

表 1-1　电梯安装与维修专业资料

项　　目	内　　容
发展史	1. 开设时间 2. 培养电梯技术人才数量 3. 优秀毕业生情况 4. 上级允许开设的鉴定站 5. 获奖情况 6. 对其他兄弟院校电梯专业的影响
师资	1. 专职教师的职称、技能等级证 2. 专职教师从事电梯行业或电梯教育事业的经历和专长
工场设备	1. 工场名称、主要设备和所在地方

2. 你为什么选择电梯安装与维修专业？（多项选择）（　　）

A、就业前景广阔

B、薪水高

C、社会地位高

D、技术含量高

E、我国电梯行业处于高速发展阶段

F、其他

3. 电梯行业是一个发展前景非常好的行业，建议学员制订一个计划，加深对电梯行业的了解。请按以下步骤实现计划并在下方空白处填写相应的内容。

小提示：

实施方法可有：

1. 从教师处获取信息。
2. 从调查报告或统计报告中获取信息。
3. 通过网络搜索获取信息。
4. 参观电梯公司。
5. 专家讲座及座谈会。
6. 访问特种设备协会。

（1）了解世界电梯发展历程。

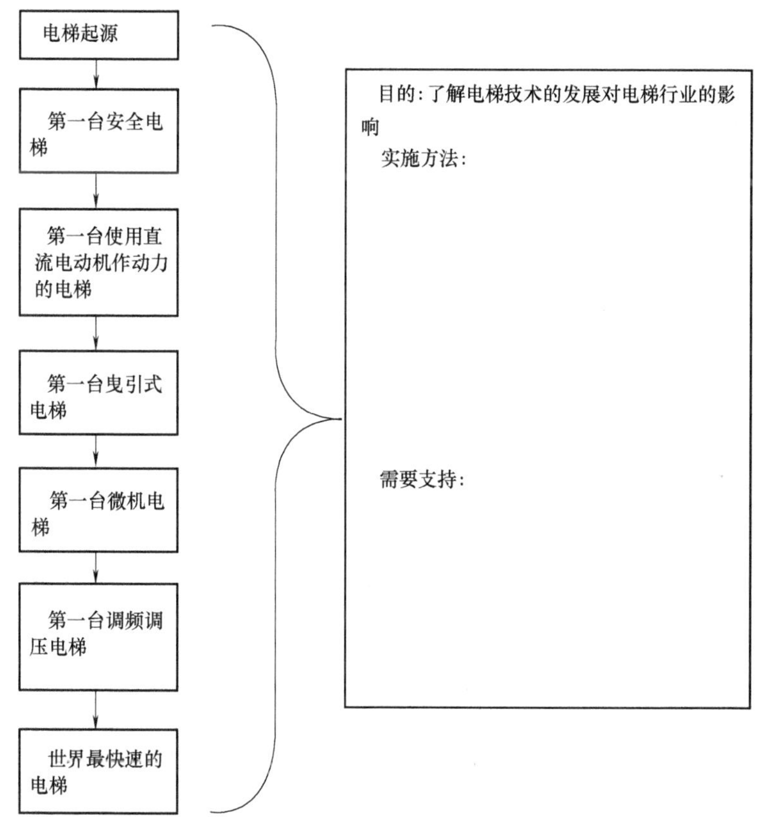

（2）了解我国电梯发展历程。

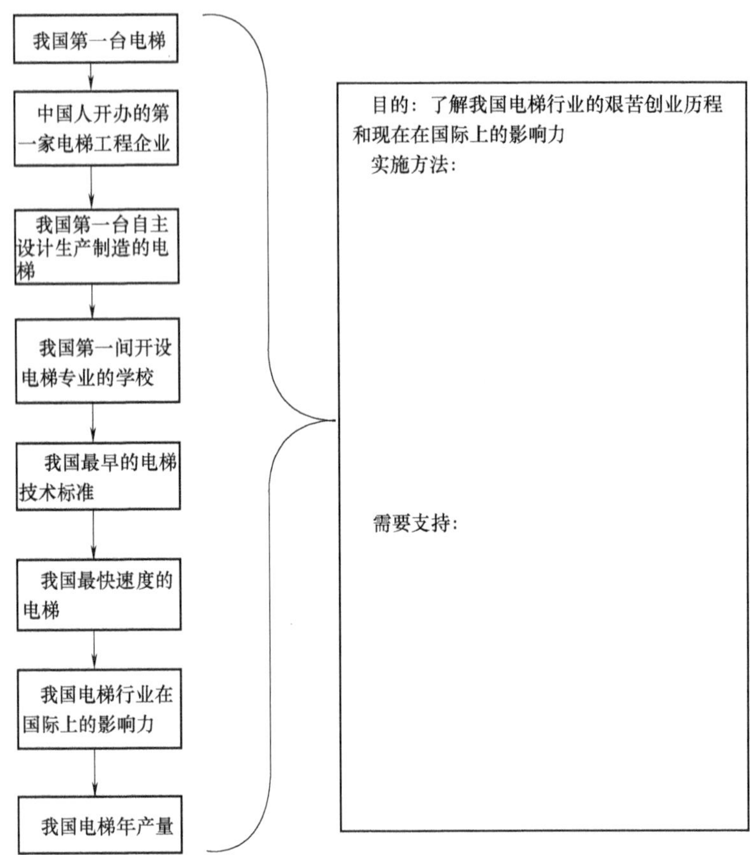

（3）了解国家对电梯的需求。

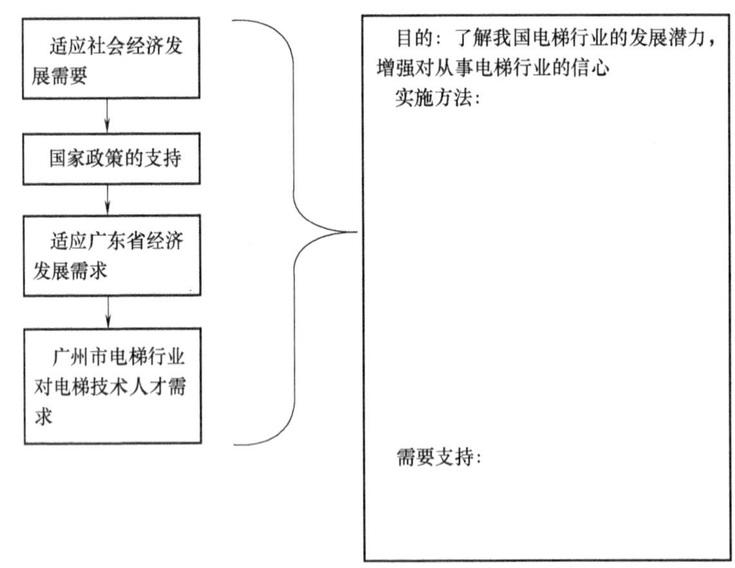

（4）了解电梯行业的发展趋势。

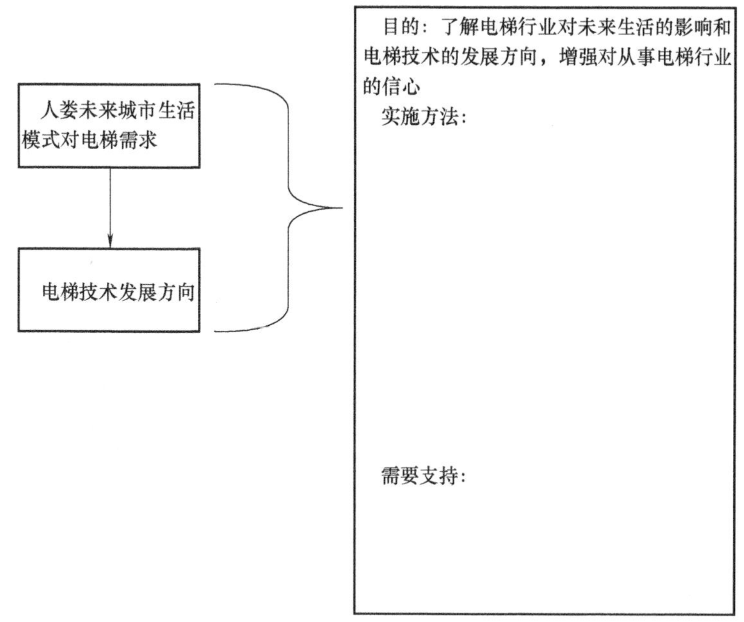

引导问题 3： 电梯发展的历程就是机电技术发展的历程，电梯技术是 2000 多年的机电技术积累成果，你知道在发展过程中有哪些趣事吗？我国电梯行业的发展历程和现状如何？你知道电梯在未来人类生活中的作用吗？

1. 据说电梯起源于公元前 236 年古希腊阿基米德设计的人力驱动卷筒卷扬机，请查找相关资料，简述这种卷筒卷扬机的工作原理。

2. 到了 17 世纪，法国出现一种叫“飞椅”的升降装置。人们在“飞椅”上系一根绳子，绳子的另一端绕过楼顶的一只滑轮后系在平衡锤上。乘客坐好后，只要把“飞椅”上的一只沙袋扔下去，随着平衡锤下降，“飞椅”和乘客就会升到楼上的窗口，这样人就能爬进屋里去。随着蒸汽机的出现，人们产生了用蒸汽的力量运送货物的设想。请画出这种设备的结构图。

3. 1854 年，在纽约水晶宫举行的世界博览会上，美国人伊莱沙·格雷夫斯·奥的斯第一次向世人展示了他的发明。他站在装满货物的升降梯平台上，命令助手将平台拉升到观众都能看得到的高度，然后发出信号，令助手用利斧砍断了升降梯的提拉缆绳。令人惊讶的是，升降梯并没有坠毁，而是牢牢地固定在半空中——奥的斯先生发明的升降梯安全装置发挥了作用。“一切安全，先生们。”站在升降梯平台上的奥的斯先生向周围观看的人们挥手致意。谁也不会想到，这就是人类历史上第一部安全升降梯。请查找相关资料，简述这种安全钳是如何动作的。

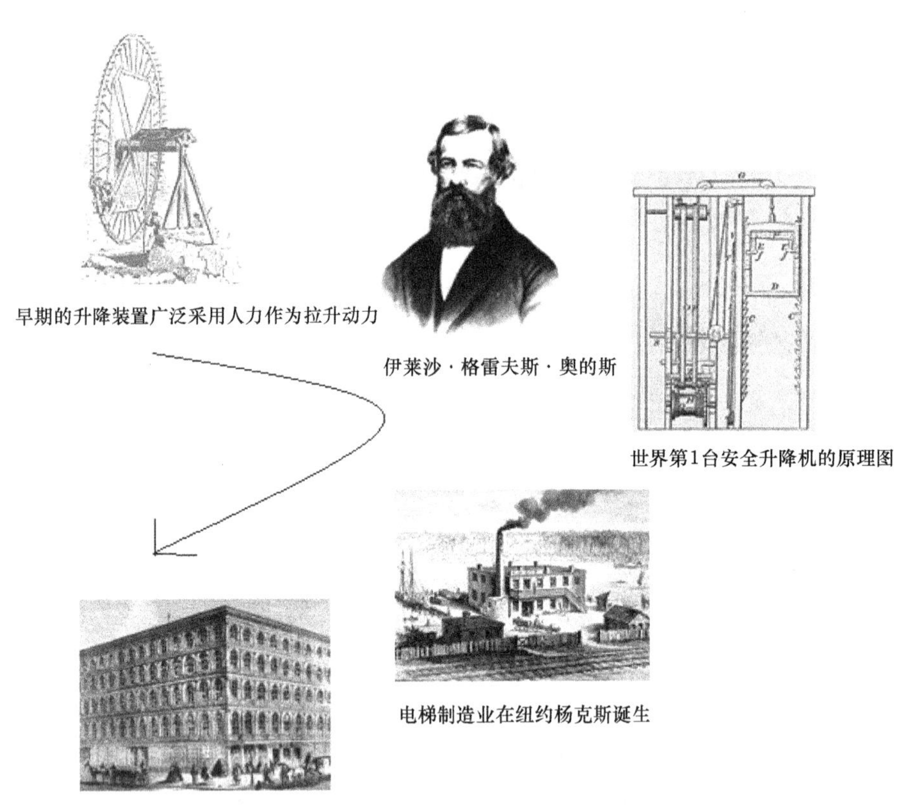

图 1-7　最原始安全升降机

4. 1903 年，电梯的传动机构和安全性能有了重大改进。电梯以摩擦曳引形式取代传统鼓轮绕绳式，以曳引轮取代了绳鼓。请查找资料，画出曳引式电梯的结构图。

5. ＿＿＿＿＿年微处理器开始应用于电梯，信号控制方面用微机取代传统的＿＿＿控制系统，使故障率大幅下降，电梯的速度也由 0.5m/s，发展到目前超高速电梯的 13.5m/s，如图 1-8 所示。

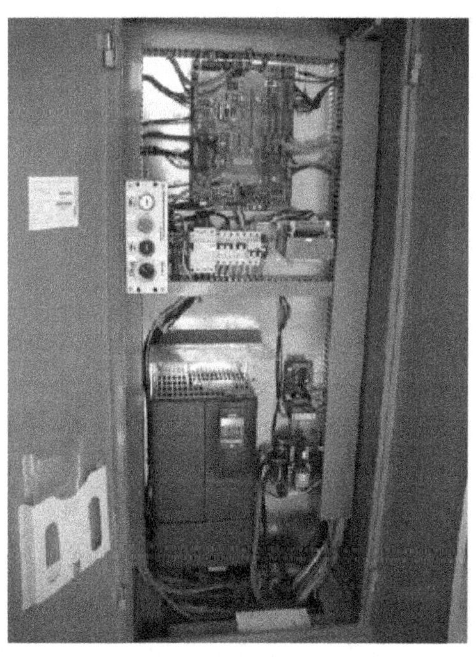

图 1-8　微机式电梯

6. 在 20 世纪 80 年代，调压、调频高速交流电梯（VVVF）出现，并且达到当时最高速 6m/s，从而开拓了电梯电力拖动的新领域，结束了直流电梯独占高速领域的局面。请查找相关的资料，简述 VVVF 电梯的特点。

7. 目前世界速度最快且运行距离最长的电梯：迪拜____________电梯，如图 1-9 所示，速度最高达 17.4m/s。(1044 米/分钟，62.64 公里/小时）该电梯是由蒂森克虏伯电梯公司进行生产安装的。

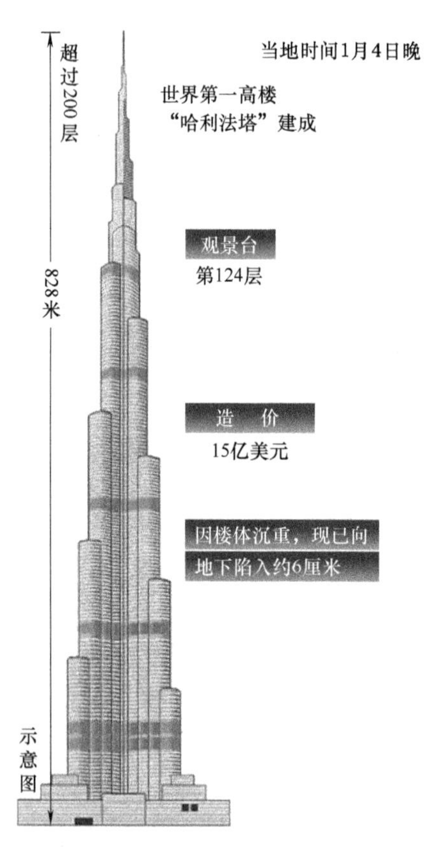

图 1-9　世界最快的电梯

8. 1900 年____________电梯公司向上海提供两台电梯，这是我国历史上第一次使用电梯。

9. 1931 年____________在上海开设了第一家由中国人开办的电梯工程公司。

10. 1952 年____________在天安门安装我国第一台自主设计、制造和安装的电梯。

11. 1952 年________________学校开设电梯专业，这是我国最早开设电梯专业的高等院校。

12. 1974 年______________________________发布，这是我国最早发布的关于电梯行业技术标准。

13. 中国速度最快且运行距离最长的电梯：____________________，如图 1-10 所示，速度最高达 16.8m/s（1010 米/分，60.6 公里/小时，37.7 英里/小时）。

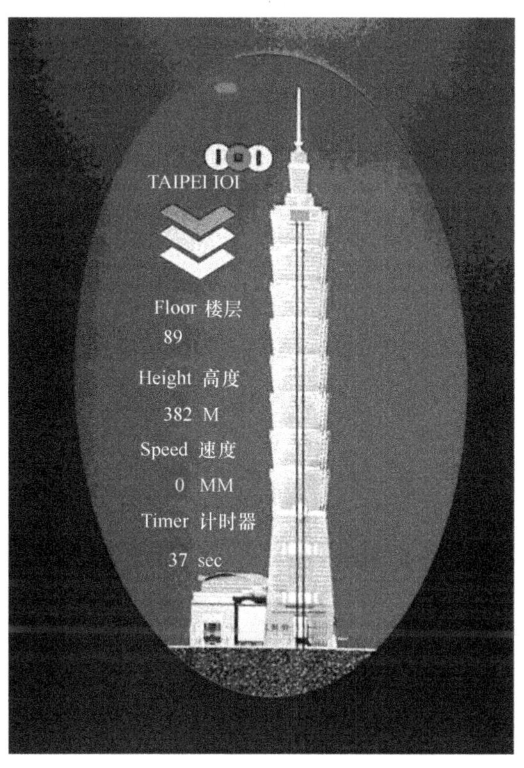

图 1-10　台北 101 大厦

14. 我国现在电梯年产量是____________台，并且以每年________________台速度增加。

15. 请从工业化、城市化和人均电梯拥有量角度分析社会经济发展对电梯的需求。

16. 请从国家政策方面分析国家对电梯行业的支持。

17. 请从广东省社会经济发展方面分析广东省对电梯的需求。

18. 请从近年广州市电梯行业对电梯技术人员缺口方面分析对电梯技术人才需求量。

19. 请描述你想象中的未来人类的生活模式。

20. 请写出电梯发展趋势。

21. 整理、归纳和分析已收集关于电梯发展历程和趋势的资料，写出对我国电梯行业发展现状和发展方向的认识。

引导问题 4： 你能否通过参观电梯公司，进一步了解我国电梯行业发展现状和发展方向？

1. 在了解电梯行业的过程中，教师会带领同学们参观电梯公司，了解电梯行业情况。请在参观电梯公司后，将了解的电梯公司相关情况填写在表 1-2 中。

表 1-2　电梯公司 1 情况表

项　　目	内　　容
1. 电梯公司的名称	
2. 电梯公司的业务范围	
3. 电梯公司的市场规模	

（续）

项　目	内　容
4. 电梯公司在电梯行业的影响力	
5. 通过这次参观想获取的信息	
6. 通过这次参观已解决的问题	

2. 请以独立或小组合作的工作方式，参观另一个电梯公司，更加全面了解电梯行业的现状和趋势并填写在表 1-3 中。

表 1-3　电梯公司 2 情况表

项　目	内　容
1. 电梯公司的名称	
2. 电梯公司的业务范围	
3. 电梯公司的市场规模	
4. 电梯公司在电梯行业的影响力	

（续）

项　　目	内　　容
5. 与已参观的电梯公司 1 的区别	
6. 通过这次参观想获取的信息	
7. 通过这次参观已解决的问题	

引导问题 5：你能通过整理并分析已收集的资料，初步形成《电梯发展历程和发展趋势》报告吗？

试根据提示内容填写表 1-4 电梯发展历程和趋势。

表 1-4　电梯发展历程和趋势

项　　目	内　　容
电梯发展史	1. 速度方面 2. 额定载重方面 3. 提升高度方面

（续）

项　目	内　容
电梯发展史	4. 电梯的安全性能方面 5. 电梯的控制技术方面
我国电梯发展史	1. 速度方面 2. 额定载重方面 3. 提升高度方面 4. 电梯的安全性能方面 5. 电梯的控制技术方面 6. 电梯的年产量 7. 我国电梯行业所处发展阶段 8. 我国电梯行业在国际上的影响

（续）

项　　目	内　　容
我国电梯发展史	9. 国内外电梯行业的差距 （1）从拥有知识产权的电梯或零部件角度 （2）从电梯技术创新角度
电梯的发展趋势	1. 电梯在未来人类生活中的作用 2. 电梯技术发展方向

引导问题 6：你能组织召开专家座谈会，论证你的《电梯发展历程和发展趋势》报告吗？

根据教师对《电梯发展史和电梯发展趋势》的评价和相关提示，请相关的专家对报告进行论证并最终形成专题报告。请将专家座谈会要点填入表 1-5。

表 1-5　专家座谈会要点

项　　目	内　　容
1. 被邀请专家是否适合	理由
2. 被邀请专家的联系方式	1. 手机号 2. 办公电话 3. 电子邮箱 4. QQ 号

（续）

项　目	内　容
3. 座谈会的布置和流程	
4. 着重请教专家的问题	
5. 专家提出问题和意见是否合理	

三、评价与反馈

完成本学习任务后，请对学习过程和结果的质量进行评价和总结，填写下列评价反馈表（表1-6）。自我评价由学习者本人填写，小组评价由组长填写，教师评价由任课教师填写。

表1-6　评价反馈表

班级		姓名		学号		日期	年　月　日
学习任务名称：							
自我评价	1	能按时上、下课		□是　□否			
	2	着装规范		□是　□否			
	3	能独立完成工作页的填写		□是　□否			
	4	能利用网络资源、专业报告等查找有效信息		□是　□否			
	5	会列出对我国电梯行业发展现状和发展方向的问题		□是　□否			
	6	能通过参观电梯公司，获取有效的信息		□是　□否			
	7	能形成《电梯发展历程和发展趋势专题报告》		□是　□否			
	8	能组织专家座谈会		□是　□否			
	9	能分析专家提出意见		□优　□良　□中　□差			
	10	总结与反思：					

（续）

<table>
<tr><td>班级</td><td></td><td>姓名</td><td></td><td>学号</td><td></td><td>日期</td><td>年　月　日</td></tr>
<tr><td colspan="8">学习任务名称：</td></tr>
<tr><td rowspan="8">小组评价</td><td>11</td><td colspan="2">在小组讨论中能积极发言</td><td colspan="4">□优　□良　□中　□差</td></tr>
<tr><td>12</td><td colspan="2">能积极配合小组成员完成工作任务</td><td colspan="4">□优　□良　□中　□差</td></tr>
<tr><td>13</td><td colspan="2">在参观电梯公司过程中的表现</td><td colspan="4">□优　□良　□中　□差</td></tr>
<tr><td>14</td><td colspan="2">在专家座谈会的表现</td><td colspan="4">□优　□良　□中　□差</td></tr>
<tr><td>15</td><td colspan="2">能够清晰表达自己的观点</td><td colspan="4">□优　□良　□中　□差</td></tr>
<tr><td>16</td><td colspan="2">安全意识与规范意识</td><td colspan="4">□优　□良　□中　□差</td></tr>
<tr><td>17</td><td colspan="2">遵守课堂纪律</td><td colspan="4">□优　□良　□中　□差</td></tr>
<tr><td>18</td><td colspan="2">积极参与汇报展示</td><td colspan="4">□优　□良　□中　□差</td></tr>
<tr><td rowspan="2">教师评价</td><td>19</td><td colspan="2">综合评价等级</td><td colspan="4">□优　□良　□中　□差</td></tr>
<tr><td>20</td><td colspan="6">评语：

教师签名：________　　____年____月____日</td></tr>
</table>

学习任务二　电梯公司认知

【学习目标】

完成本学习任务后，学生应当能够：

1）通过分析资料，掌握电梯公司的从业资质和要求。
2）通过查阅资料，了解各著名品牌电梯公司。
3）归纳出品牌电梯公司的发展历程和经营特点。
4）通过分析资料，整理出电梯公司的用人要求。
5）听取专家讲座，归纳出电梯公司的人才需求。
6）在教师指导下，以小组合作方式，完成《电梯技术人才需求和要求》报告。

建议 12 学时完成本学习任务。

内容结构

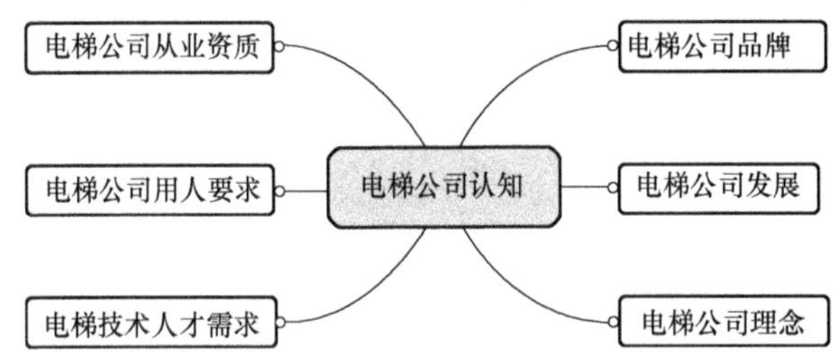

学习任务描述

电梯公司（或企业）是电梯专业技术人员工作和发展的地方，每一位从事电梯工作的学生，都应该清楚了解电梯公司的名称、从业资质、经营特点、用人要求和人才需求，并能分析整理出《电梯技术人才需求和要求》报告，为将来从事电梯专业相关工作奠定基础。

一、学习准备

引导问题1：电梯公司主要从事哪些电梯工作？

1. 如图2-1所示，世界上第一台电梯是由美国的＿＿＿＿＿＿＿＿（A. 通用　B. 奥的斯）电梯公司生产出来的。

图2-1

2. 如图2-2所示，安装在中国台湾省台北101大厦上的电梯，曾经是世界最快速电梯，它的运行速度是1010m/min，即＿＿＿＿＿＿＿m/s（米/秒），它是由＿＿＿＿（A. 奥的斯　B. 东芝）电梯公司制造的。

图2-2

3. 如图2-3所示，位于广州市的标志性建筑广州塔，乘客观光用的电梯是由＿＿＿＿（A. 奥的斯　B. 日立）电梯公司制造的。

图 2-3

4. 如图 2-4 所示，位于广州环市路五星级酒店“广州花园酒店”的电梯是由______（A. 科安　B. 广日）电梯公司负责维修保养的。

5. 如图 2-5 所示，美国纽约市中心的洛克菲勒广场大楼在 2003 年进行了电梯工程改造，是由一直负责这间大楼电梯维修保养了 70 年的______（A. 迅达　B. 通力）电梯公司负责。

图 2-4　广州花园酒店

图 2-5　洛克菲勒广场大楼

6. 从以上的问题中，你能归纳出电梯公司主要从事的工作种类吗？如能，请简单描述出来。

电梯公司主要从事的工作有：____。

引导问题 2：电梯公司要具备怎样的从业资质？并承担哪些责任？

1. 根据国家生产许可证制度，我国的电梯公司主要分两大类，一类是有电梯____________许可证的电梯公司，如________________、______________等电梯公司；另一类是只有电梯____________、____________、____________许可证的电梯公司，如广东省科安电梯工程技术有限公司、广州广日电梯有限公司等。

2. 根据《特种设备质量监督与安全监察规定》，电梯制造单位对____________的特种设备的________________和安全技术性能负责。对实施生产许可证管理的特种设备，由____________________________实行生产许可证制度；对未实施生产许可证管理的特种设备，实行________________________制度。

3. 根据《特种设备质量监督与安全监察规定》，特种设备生产许可证的取（换）证和管理工作，按照国家有关____________________________________的具体规定执行。

4. 根据《特种设备质量监督与安全监察规定》，特种设备安全认可证的取（换）证工作，____________________。证书申请的受理分别由__________________________负责，审查工作由国家特种设备安全监察机构____________________的单位承担，审查合格后，分别由________________________或者________________________批准发证。

5. 根据《特种设备质量监督与安全监察规定》，特种设备安装、维修保养、改造单位必须对特种设备______________、______________、________________的质量和安全技术性能负责。

6. 根据《特种设备质量监督与安全监察规定》，特种设备使用单位必须对特种设备______________________________和______________________的安全负责。

7. 根据《特种设备质量监督与安全监察规定》，电梯制造企业（公司）承担电梯的安装、维修保养、改造业务时，应当按本规定要求，申请并取得相应的____________________________。与制造资格同时提出申请的，执行资格审查的机构应当同时安排该企业制造、安装、维修保养、改造的资格审查。

8. 从以上的问题中，你能归纳出不同性质的电梯公司的从业资质吗？如能，请简单描述出来。

电梯生产制造公司的从业资质：____。

电梯安装、改造、维修的从业资质：____。

引导问题 3：如果要从事电梯的安装、改造、维修和日常维护保养，电梯公司要具备怎样的条件？

1. 根据《特种设备安全监察条例》（国务院令第 549 号）和《特种设备质量监督与安全监察规定》，凡从事电梯安装、改造、维修和日常维护单位，必须取得____________________，并在许可证的____________________从事相应工作。电梯日常维护保养单位必须取得______________________的资格许可。

2. 从事＿＿＿＿＿＿施工的单位必须具有独立的＿＿＿＿＿＿资格，持有有效的营业执照，注册资金应与申请施工范围相适应，具体规定见《机电类特种设备施工单位基本条件》的要求。

3. 电梯施工单位必须具有固定的＿＿＿＿＿和联系电话，申请改造资格的企业还应有满足其改造业务需要的＿＿＿＿＿＿与场地。

引导问题 4：对电梯施工单位人员的要求如何？

1. 法定代表人或其授权代理人应了解特种设备有关的＿＿＿＿＿＿、＿＿＿＿＿＿、＿＿＿＿＿和＿＿＿＿＿规范，对承担相应施工的特种设备质量和安全技术性能负全责。授权代理人应有法定代表人的＿＿＿＿＿委托书，并应注明＿＿＿＿＿＿＿、＿＿＿＿＿＿＿和＿＿＿＿＿＿＿等内容。

2. 应任命一名＿＿＿＿＿＿＿＿＿＿负责人，负责本单位承担的机电类特种设备施工中的技术＿＿＿＿＿＿＿工作。技术负责人应掌握特种设备有关的＿＿＿＿＿、＿＿＿＿＿、＿＿＿＿＿、＿＿＿＿＿＿和＿＿＿＿＿，且不得在其他单位＿＿＿＿＿＿＿＿＿＿＿＿＿＿＿＿＿＿。

3. 应配备足够的＿＿＿＿＿＿人员，设立相应的＿＿＿＿＿管理机构，拥有一批满足申请作业需要的＿＿＿＿＿＿＿人员、＿＿＿＿＿＿＿人员和＿＿＿＿＿＿工人，技术工人中持相应作业项目＿＿＿＿＿＿＿＿＿＿＿＿＿的人员数量应达到相应要求。

引导问题 5：对电梯施工单位的从业资质如何要求？

1. 电梯设备安装、改造和维修 3 个施工类别按照设备类型及其不同技术参数分别分为＿＿＿＿＿＿＿、＿＿＿＿＿＿＿、＿＿＿＿＿＿＿三个等级。安装等级中，A 级单位＿＿＿＿＿＿＿＿＿＿。B 级单位要求电梯额定速度不大于＿＿＿＿＿＿＿＿、额定载重量不大于＿＿＿＿＿＿＿＿的乘客电梯、载货电梯、液压电梯、杂物电梯，以及＿＿＿＿＿＿＿＿＿＿的自动人行道和自动扶梯。

C 级单位要求电梯额定速度不大于＿＿＿＿＿＿、额定载重量不大于＿＿＿＿＿＿＿的乘客电梯、载货电梯以及＿＿＿＿＿＿＿等级的杂物电梯、自动人行道和提升高度不大于＿＿＿＿＿＿＿＿的自动扶梯。

2. 电梯的安装、改造和维修施工单位必须满足一定的基本要求。主要包括

（1）注册资金。

（2）＿＿＿＿＿人员数量要求。

（3）＿＿＿＿＿人员等技术工人数量要求。

（4）技术负责人职称要求。

（5）专职＿＿＿＿＿人员要求。

（6）已经完成施工的＿＿＿＿＿数量要求。

（7）改造单位还需要有设备、厂房和场地。

引导问题 6：电梯品牌如何区分？

1. 品牌是用来识别一个商品或劳务的名称、术语、记号、设计或组合。它包括品牌的________________和________________。

2. 对购买者来说，__________是获得商品信息的一个重要来源。购买者通过________判断产品质量好坏，建立购买信心，已成为一种市场意识。

3. 电梯产品常见的品牌分为________著名品牌、________著名品牌、________著名品牌和国内外________品牌。

4. 电梯品牌的区别主要考虑以下几个方面。

（1）品牌的概念。

（2）市场状态。

（3）产品情况。其中，产品情况分为

1）________电梯。

2）________电梯。

3）________电梯。

4）________电梯。

引导问题 7：国内外常见电梯公司有哪些？

1. 根据表 2-1 提供的网站地址，填写出国内外常见电梯公司的内容。

表 2-1　国内外常见电梯公司

序　　号	公司名称	公司简介	主要产品	代表项目	公司网站
1	奥的斯电梯（中国）投资有限公司	奥的斯电梯公司是世界上最大的电梯公司。150多年来奥的斯一直致力于研究、开发、制造、安装、维修、保养、更新改造电梯、扶梯、自动人行道等运输系统。	直梯、扶梯、自动人行道。	北京的央视大楼、水立方、上海东方明珠电视塔	http：//www.otis.com/site/cn-chi/Pages/AboutOtis.aspx
2	上海三菱电梯有限公司				http：//www.smec-cn.com/cn/index.asp
3	蒂森克虏伯电梯（中国）				http：//thyssenkrupp-elevator.com.cn/sc/home
4	迅达集团				http：//www.schindler.com/cn/internet/zh/home.html

（续）

序　号	公司名称	公司简介	主要产品	代表项目	公司网站
5	日立电梯（中国）有限公司				http：//www.hitachi-helc.com/
6	通力中国				http：//www.kone.com/countries/zh_CN/pages/default.aspx
7	华升富士达电梯有限公司				http：//www.fujitec.com.cn/about/huanshengfushida.html
8	沈阳博林特电梯股份有限公司				http：//www.bltelevator.com.cn/
9	东芝	日本东芝电梯株式会社（简称TELC）于2001年由株式会社东芝的内部企业“升降机系统公司”和原“东芝电梯株式会社”统合而成，成立了新的“东芝电梯株式会社”。		台北101大厦	http：//www.toshiba-elevator.com.cn/
10	西子奥的斯电梯有限公司	西子奥的斯成立于1997年3月12日，由世界第一电梯品牌奥的斯电梯公司与中国电梯业最大内资企业西子电梯集团合资组建而成。			http：//www.xiziotis.com/
11	沈阳三洋电梯有限公司				http：//sanyo-elevator.cn/
12	广州广日电梯工业有限公司			中国大酒店、白天鹅宾馆、广州市长大厦、印尼Clarion-hotel	http：//www.guangri.com.cn/
13	康力电梯股份有限公司				http：//www.canny-elevator.com/Cases.aspx

（续）

序　号	公司名称	公司简介	主要产品	代表项目	公司网站
14	菱王电梯股份有限公司				http：//www.win-one.cn/cn/index.asp
15	广东珠江中富电梯有限公司				http：//www.zhujiangfuji.com/gb/company.asp

引导问题 8：电梯公司的发展历程包括哪些内容？

1. 电梯公司资料。

广州广日电梯工程有限公司

广州广日电梯工程有限公司成立于 1983 年，主要从事电梯的安装、维保、改造、旧楼加装、配件销售工程业务，以及电梯、机械式停车设备的安装、维保等特种设备操作证的培训业务。广日工程公司凭借过硬的技术服务，为“广日牌”电梯获得国内同行第一个部优产品、国内第一个国际金星奖、中国公认名牌产品、商务部 AAA 信用等级证书等荣誉称号作出了积极的贡献。

广日工程公司是广州市特种设备行业协会副会长单位、广东省特种设备行业协会理事单位，持有中华人民共和国国家质量监督检验检疫总局核发的电梯安装改造维修许可证（安装维修 A 类、改造 A 类），机械式停车设备安装改造维修许可证，以及建设部颁发的电梯安装工程一级资质证书，并在 2001 年通过德国莱茵公司（TÜV）对该公司 ISO9001：2000；ISO14001：1996；OHSAS18001：1999 一体化管理体系认证审核。

广日工程公司投入营运以来，在全球各地建立了完善的工程服务网点，目前在广东、江苏、湖南、河南、上海等地建立 7 个分公司，国内外 50 多个授权服务网点，并在海外如南非、阿联酋沙迦、印度尼西亚、菲律宾、柬埔寨、圭亚那、贝宁等国家建造电梯项目优质工程。配备 24 小时服务热线全天候为全国用户提供各项服务。

该公司秉承“服务创造价值”的理念，坚持“用户至上，质量第一”的宗旨，发扬艰苦创业、开拓进取、积极奉献的精神，使企业不断发展壮大，打造“广日工程”的电梯工程服务品牌。近年来，该公司加大技术、管理创新力度，与各大院校建立产学研合作关系，开展相关领域的技术合作，实现优势互补、合作双赢。自 2008 年起连续 4 年获得广东省质量协会颁发的“广东省用户满意服务”称号，2011 年 11 月被认定为广东省高新技术企业。

2. 从以上电梯公司发展历程的资料上，请按表 2-2 的要求，填写相关内容。

表 2-2　电梯公司主要情况

序　　号	项　　目	内　　容
1	公司名称	
2	成立时间	
3	从业资质	
4	经营理念	
5	发展情况	
6	主要业绩	

引导问题 9：对电梯公司的了解，最直接的方法是到电梯公司进行参观，如果要到电梯公司参观，需要做哪些准备？

1. 电梯公司参观流程如图 2-6 所示，请根据提示补充完善电梯公司参观流程内容。

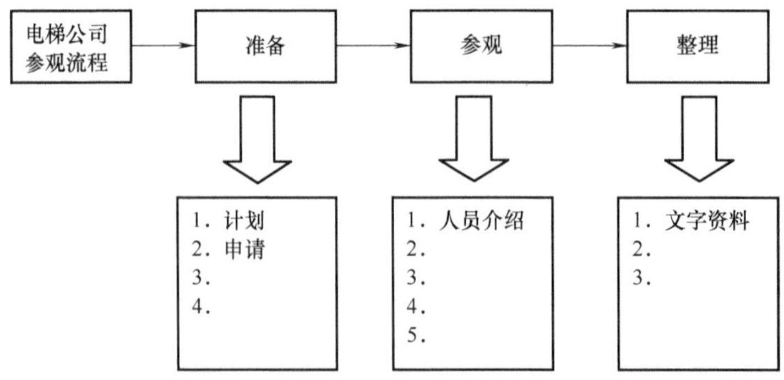

图 2-6　参观流程

2. 电梯公司参观过程注意事项，如图 2-7 所示，请根据提示补充完善电梯公司参观过程安全注意事项要求。

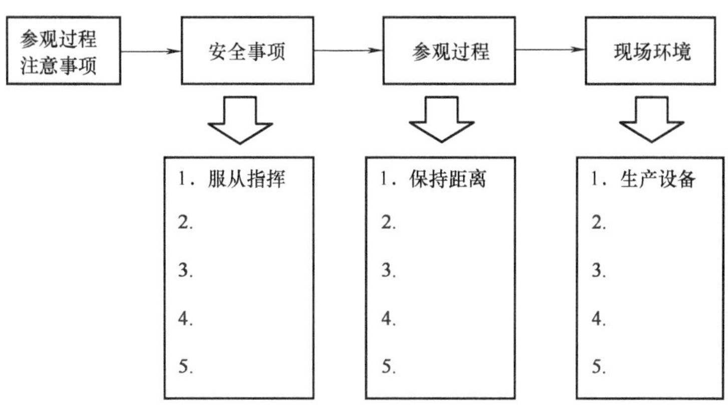

图 2-7　参观注意事项

3. 电梯公司参观过程的提问技巧。请根据图 2-8 提示补充完善电梯公司参观过程提问技巧内容。

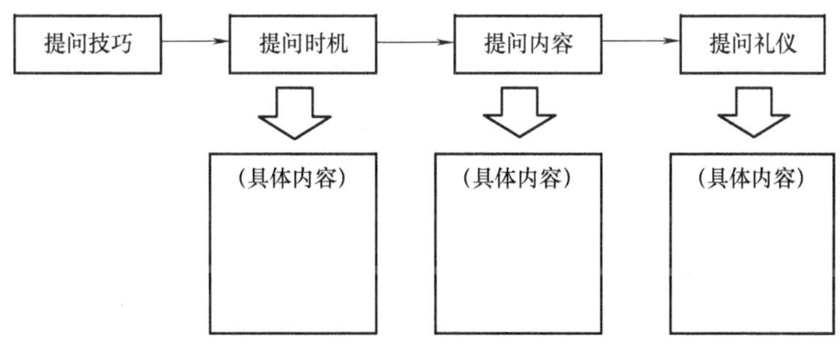

图 2-8　参观过程提问流程及技巧

引导问题 10：对电梯公司的了解，除了到电梯公司参观，还可以邀请电梯企业专家讲座，如果邀请企业专家讲座，需要做哪些准备？

请根据图 2-9 提示补充完善电梯专家讲座的内容。

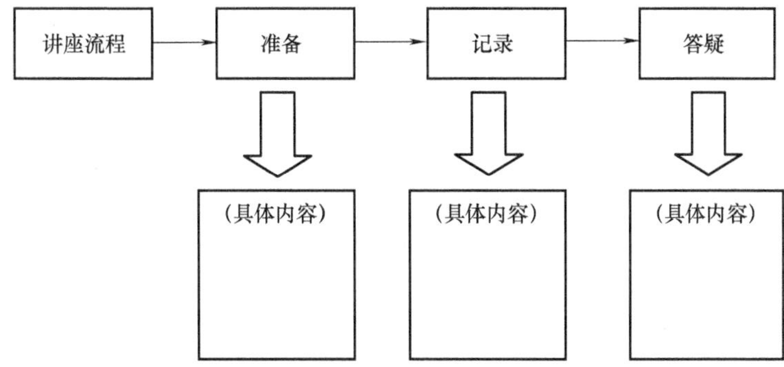

图 2-9　专家讲座流程

二、计划与实施

引导问题 11：请通过查阅相关资料，在图 2-10 中国内外著名电梯公司的标志上，填上适合的名称编号。

OTIS (　　)	HITACHI (　　)	BLT (　　)
Schindler (　　)	KONE (　　)	(　　)
MITSUBISHI (　　)	TOSHIBA (　　)	FUJITEC (　　)
WINONE (　　)	GUANGRI (　　)	KONL (　　)
SANYO (　　)	IFE MOVING & SERVING (　　)	GSI (　　)

图 2-10　国内外著名电梯公司标志

a. 通力电梯有限公司
b. 富士达电梯有限公司
c. 蒂森电梯有限公司
d. 快意电梯股份有限公司

e. 迅达（中国）电梯有限公司
f. 东芝电梯（中国）有限公司
g. 三洋电梯有限公司
h. 广州广日电梯有限公司
i. 广东菱王电梯有限公司
j. 康力电梯有限公司
k. 奥的斯电梯有限公司
l. 博林特电梯有限公司
m. 三菱电梯有限公司
n. 广州广船国际电梯有限公司
o. 日立电梯（中国）有限公司

以上的电梯公司，主要是属于______（A. 生产制造　B. 安装、改造、维修保养），你还有其他认识的电梯公司吗？如有，请在表2-3填写出来。

表2-3　其他电梯公司信息

序　　号	电梯公司名称	从 业 资 质	备　　注
1			
2			
3			
4			
5			
6			
7			
8			
9			

引导问题 12：根据《特种设备安全监察条例》（国务院令第 549 号）和《特种设备质量监督与安全监察规定》的内容，填写表 2-4。

表 2-4　电梯设备施工单位基本条件

施工类别	施工等级	序　号	基本要求
安装	A 级	1	注册资金________万元（人民币）以上
		2	签订 1 年以上全职聘用合同的电气或机械专业技术人员不少于____人；其中，高级工程师不少于____人，工程师不少于____人
		3	签订 1 年以上全职聘用合同的持相应作业项目资格证书的作业人员等技术工人不少于______人，且各工种人员比例合理
		4	技术负责人必须具有国家承认的电气或机械专业______工程师以上职称，从事电梯技术和施工管理工作________年以上，并不得在其他单位兼职
		5	专职质量检验人员不得少于________人
		6	近 5 年累计安装申请范围内的电梯数量至少为________台套
	B 级	1	注册资金____万元（人民币）以上
		2	签订 1 年以上全职聘用合同的电气或机械专业技术人员不少于____人；其中，高级工程师不少于____人，工程师不少于____人
		3	签订 1 年以上全职聘用合同的持相应作业项目资格证书的作业人员等技术工人不少于______人，且各工种人员比例合理
		4	技术负责人必须具有国家承认的电气或机械专业______工程师以上职称，从事电梯技术和施工管理工作________年以上，并不得在其他单位兼职
		5	专职质量检验人员不得少于________人
		6	近 5 年累计安装申请范围内的电梯数量至少为________台套
	C 级	1	注册资金______万元（人民币）以上
		2	签订 1 年以上全职聘用合同的电气或机械专业技术人员不少于______人；其中，高级工程师不少于______人，工程师不少于______人
		3	签订 1 年以上全职聘用合同的持相应作业项目资格证书的作业人员等技术工人不少于______人，且各工种人员比例合理
		4	技术负责人必须具有国家承认的电气或机械专业______工程师以上职称，从事电梯技术和施工管理工作________年以上，并不得在其他单位兼职
		5	专职质量检验人员不得少于________人
		6	近 5 年累计安装申请范围内的电梯数量至少为________台套

（续）

施工类别	施工等级	序　号	基本要求
改造	A级	1	注册资金______万元（人民币）以上
		2	签订1年以上全职聘用合同的电气或机械专业技术人员不少于____人。其中，从事申请项目电梯设计的高级工程师不少于____人，工程师不少于____人；其他专业高级工程师不少于____人，工程师不少于____人
		3	签订1年以上全职聘用合同的持相应作业项目资格证书的电梯作业人员等技术工人不少于____人，且各工种人员比例合理
		4	技术负责人必须具有国家承认的电气或机械专业高级工程师以上职称，从事电梯设计和施工管理工作5年以上，并不得在其他单位兼职
		5	专职质量检验人员不得少于________人
		6	有满足其改造作业需要的制造和试验的______、______与场地
		7	近5年累计改造申请范围内的电梯数量至少为______台套
	B级	1	注册资金______万元（人民币）以上
		2	签订1年以上全职聘用合同的电气或机械专业技术人员不少于____人。其中，从事申请项目电梯设计的高级工程师不少于____人，工程师不少于____人；其他专业高级工程师不少于____人，工程师不少于____人
		3	签订1年以上全职聘用合同的持相应作业项目资格证书的作业人员等技术工人不少于______人，且各工种人员比例合理
		4	技术负责人必须具有国家承认的电气或机械专业______工程师以上职称，从事电梯技术和施工管理工作________年以上，并不得在其他单位兼职
		5	专职质量检验人员不得少于________人
		6	有满足其改造作业需要的制造和试验的______、______和______
		7	近5年累计安装申请范围内的电梯数量至少为________台套
	C级	1	注册资金______万元（人民币）以上
		2	签订1年以上全职聘用合同的电气或机械专业技术人员不少于____人；其中，从事申请项目电梯设计和施工管理的工程师不少于____人
		3	签订1年以上全职聘用合同的持相应作业项目资格证书的作业人员等技术工人不少于______人，且各工种人员比例合理
		4	技术负责人必须具有国家承认的电气或机械专业______工程师以上职称，从事电梯技术和施工管理工作________年以上，并不得在其他单位兼职
		5	专职质量检验人员不得少于________人
		6	有满足其改造作业需要的制造和试验的______、______和______
		7	近5年累计安装申请范围内的电梯数量至少为________台套

（续）

施工类别	施工等级	序号	基本要求
维修	A级	1	注册资金____万元（人民币）以上
		2	签订1年以上全职聘用合同的电气或机械专业技术人员不少于____人；其中，高级工程师不少于____人，工程师不少于____人
		3	签订1年以上全职聘用合同的持相应作业项目资格证书的作业人员等技术工人不少于______人，且各工种人员比例合理
		4	技术负责人必须具有国家承认的电气或机械专业______工程师以上职称，从事电梯技术和施工管理工作________年以上，并不得在其他单位兼职
		5	专职质量检验人员不得少于________人
		6	近5年累计维修申请范围内的电梯数量至少为________台套
	B级	1	注册资金____万元（人民币）以上
		2	签订1年以上全职聘用合同的电气或机械专业技术人员不少于____人；其中，高级工程师不少于____人，工程师不少于____人
		3	签订1年以上全职聘用合同的持相应作业项目资格证书的作业人员等技术工人不少于______人，且各工种人员比例合理
		4	技术负责人必须具有国家承认的电气或机械专业______工程师以上职称，从事电梯技术和施工管理工作________年以上，并不得在其他单位兼职
		5	专职质量检验人员不得少于________人
		6	近5年累计维修申请范围内的电梯数量至少为________台套
	C级	1	注册资金____万元（人民币）以上
		2	签订1年以上全职聘用合同的电气或机械专业技术人员不少于____人；其中，高级工程师不少于____人，工程师不少于____人
		3	签订1年以上全职聘用合同的持相应作业项目资格证书的作业人员等技术工人不少于______人，且各工种人员比例合理
		4	技术负责人必须具有国家承认的电气或机械专业______工程师以上职称，从事电梯技术和施工管理工作________年以上，并不得在其他单位兼职
		5	专职质量检验人员不得少于________人
		6	近5年累计维修申请范围内的电梯数量至少为________台套

引导问题13：根据电梯公司发展和经营情况了解，在教师指导下，完成表2-5内容的填写。

表 2-5　了解到的电梯公司发展和经营情况

电梯公司名称	
电梯公司的属地	
电梯公司的从业资质	
电梯公司的主要产品	
电梯公司的发展历程	
电梯公司的企业文化	
电梯公司的核心价值观	
如果有机会给你进入上述的电梯公司，成为公司的一员，你愿意吗？为什么？	

引导问题14：通过到电梯公司参观或听电梯公司专家讲座，在教师指导下，完成表2-6的内容填写 。

表2-6　参观或听讲座获得的电梯公司情况

电梯公司名称	
电梯公司的属地	
电梯公司的成立时间	
电梯公司的从业资质	
电梯公司的主要产品	
电梯公司的企业文化理念	
电梯公司的员工素质要求	
如果有机会给你进入上述的电梯公司，成为公司的一员，你愿意吗？为什么？	

引导问题15：通过上述知识的学习，请以小组为单位，在教师的指导下，整理一份电梯公司人才需求分析报告。

三、评价与反馈

引导问题16：完成本学习任务后，请对学习过程和结果的质量进行评价和总结，填写表2-7评价反馈表。自我评价由学习者本人填写，小组评价由组长填写，教师评价由任课教师填写。

表2-7 评价反馈表

<table>
<tr><td>班级</td><td></td><td>姓名</td><td></td><td>学号</td><td></td><td>日期</td><td>年 月 日</td></tr>
<tr><td colspan="8">学习任务名称：</td></tr>
<tr><td rowspan="11">自我评价</td><td>序号</td><td colspan="2">评价内容</td><td colspan="4">评价情况</td></tr>
<tr><td>1</td><td colspan="2">工作页的填写情况</td><td colspan="4">优 □ 良 □ 中 □ 差 □</td></tr>
<tr><td>2</td><td colspan="2">安全文明行为</td><td colspan="4">优 □ 良 □ 中 □ 差 □</td></tr>
<tr><td>3</td><td colspan="2">工作现场的清洁与整理</td><td colspan="4">优 □ 良 □ 中 □ 差 □</td></tr>
<tr><td>4</td><td colspan="2">查阅电梯公司信息的能力</td><td colspan="4">优 □ 良 □ 中 □ 差 □</td></tr>
<tr><td>5</td><td colspan="2">同学间的合作</td><td colspan="4">优 □ 良 □ 中 □ 差 □</td></tr>
<tr><td>6</td><td colspan="2">学习任务完成情况</td><td colspan="4">优 □ 良 □ 中 □ 差 □</td></tr>
<tr><td>7</td><td colspan="2">良好习惯养成情况</td><td colspan="4">优 □ 良 □ 中 □ 差 □</td></tr>
<tr><td>8</td><td colspan="2">工作责任心</td><td colspan="4">优 □ 良 □ 中 □ 差 □</td></tr>
<tr><td>9</td><td colspan="2">出勤情况</td><td colspan="4">优 □ 良 □ 中 □ 差 □</td></tr>
<tr><td>10</td><td colspan="2">面对困难的态度</td><td colspan="4">优 □ 良 □ 中 □ 差 □</td></tr>
<tr><td rowspan="11">小组评价</td><td>1</td><td colspan="2">小组成员分工协作</td><td colspan="4">优 □ 良 □ 中 □ 差 □</td></tr>
<tr><td>2</td><td colspan="2">学习态度</td><td colspan="4">优 □ 良 □ 中 □ 差 □</td></tr>
<tr><td>3</td><td colspan="2">服从工作任务安排</td><td colspan="4">优 □ 良 □ 中 □ 差 □</td></tr>
<tr><td>4</td><td colspan="2">工作过程纪律</td><td colspan="4">优 □ 良 □ 中 □ 差 □</td></tr>
<tr><td>5</td><td colspan="2">安全操作情况</td><td colspan="4">优 □ 良 □ 中 □ 差 □</td></tr>
<tr><td>6</td><td colspan="2">爱护设备情况</td><td colspan="4">优 □ 良 □ 中 □ 差 □</td></tr>
<tr><td>7</td><td colspan="2">维护场地整洁干净情况</td><td colspan="4">优 □ 良 □ 中 □ 差 □</td></tr>
<tr><td>8</td><td colspan="2">工作责任心</td><td colspan="4">优 □ 良 □ 中 □ 差 □</td></tr>
<tr><td>9</td><td colspan="2">出勤情况</td><td colspan="4">优 □ 良 □ 中 □ 差 □</td></tr>
<tr><td>10</td><td colspan="2">面对困难的态度</td><td colspan="4">优 □ 良 □ 中 □ 差 □</td></tr>
<tr><td>11</td><td colspan="2">自我评价态度</td><td colspan="4">优 □ 良 □ 中 □ 差 □</td></tr>
</table>

（续）

<table>
<tr><td>班级</td><td colspan="2"></td><td>姓名</td><td></td><td>学号</td><td></td><td>日期</td><td>年　月　日</td></tr>
<tr><td colspan="9">学习任务名称：</td></tr>
<tr><td rowspan="11">教师评价</td><td>序号</td><td colspan="3">评价内容</td><td colspan="4">评价情况</td></tr>
<tr><td>1</td><td colspan="3">出勤情况</td><td colspan="4">优 □　良 □　中 □　差 □</td></tr>
<tr><td>2</td><td colspan="3">笔记情况</td><td colspan="4">优 □　良 □　中 □　差 □</td></tr>
<tr><td>3</td><td colspan="3">课堂纪律</td><td colspan="4">优 □　良 □　中 □　差 □</td></tr>
<tr><td>4</td><td colspan="3">学习态度</td><td colspan="4">优 □　良 □　中 □　差 □</td></tr>
<tr><td>5</td><td colspan="3">查找资料的能力</td><td colspan="4">优 □　良 □　中 □　差 □</td></tr>
<tr><td>6</td><td colspan="3">表达能力</td><td colspan="4">优 □　良 □　中 □　差 □</td></tr>
<tr><td>7</td><td colspan="3">人际关系能力</td><td colspan="4">优 □　良 □　中 □　差 □</td></tr>
<tr><td>8</td><td colspan="3">企业参观过程表现</td><td colspan="4">优 □　良 □　中 □　差 □</td></tr>
<tr><td>9</td><td colspan="3">面对困难的态度</td><td colspan="4">优 □　良 □　中 □　差 □</td></tr>
<tr><td>10</td><td colspan="3">综合评价</td><td colspan="4">优 □　良 □　中 □　差 □</td></tr>
</table>

学习任务三　电梯工作内容与特殊性认知

【学习目标】

完成本学习任务后，学生应当能够：

1）说明电梯行业的特殊性。

2）识别各类电梯安全图标所表示的含义。

3）区别电梯工作岗位的工作内容。

4）培养良好的电梯安全意识和乘梯习惯。

5）根据电梯工种（工作岗位）的工作内容和电梯安全操作要求，分析职业发展方向和个人发展愿景，拟订个人职业规划并列出需要改变的工作习惯。

建议 12 学时完成本学习任务，并采用工学交替模式。

内容结构

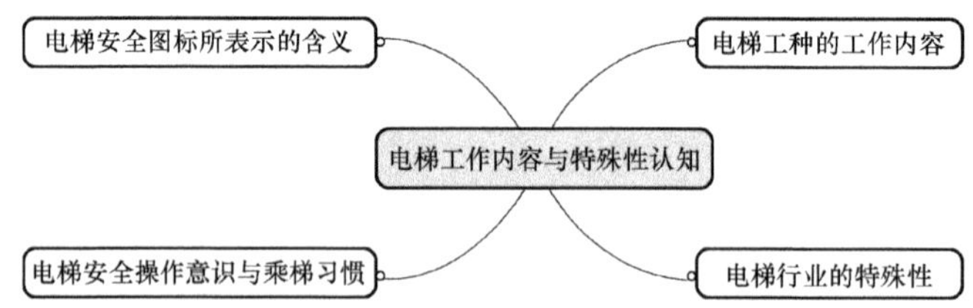

学习任务描述

通过查找资料和分析了解电梯行业的特殊性，识别电梯在工作过程中所使用到的各类图标所表达的含义，掌握良好的乘梯习惯，陈述出电梯行业常见的电梯技术人员分属哪些工种，最后根据电梯工种（工作岗位）的工作内容和电梯安全操作习惯，拟订自己的职业规划。

一、学习准备

引导问题1： 随着城市化进程的不断推进，人民生活水平的不断提高，高楼大厦一幢幢拔地而起。电梯已经是生活中不可或缺的运输工具。那么一台电梯从出厂到交付使用，需要大量的工程技术人员一起努力，请问你知道有什么岗位的技术人员参与吗？你知道搭乘电梯的安全知识吗？

我们经常乘坐电梯，但是你知道安全乘坐电梯的基本常识吗？如果出现电梯故障，你知道第一时间怎样处理吗？

1. 图3-1告诉我们：________________________________。

图3-1　电梯常识（一）

2. 图3-2告诉我们：________________________________。

图3-2　电梯常识（二）

3. 图3-3告诉我们：________________________________。

图3-3　电梯常识（三）

4. 图3-4告诉我们：________________________________。

图3-4　电梯常识（四）

5. 图3-5告诉我们：________________________________。

图3-5　电梯常识（五）

6. 图 3-6 告诉我们：____。

图 3-6　电梯常识（六）

7. 图 3-7 告诉我们：____。

图 3-7　电梯常识（七）

8. 图 3-8 告诉我们：____。

9. 图 3-9 告诉我们：____。

10. 图 3-10 告诉我们：____。

图 3-8　电梯常识（八）

电梯发生故障或停电被困时，请乘客保持镇静，使用电梯内报警装置报警后，等待救援。千万不要强行撬门擅自逃离！

图 3-9　电梯常识（九）

迈入电梯轿厢前一定要仔细确认你将要踩到的是不是轿厢的地板

进出电梯要快，不要一脚在里一脚在外久停

在任何情况下不要尝试去扒开电梯的门

被困电梯时不要紧张，及时拨打救援电话和按警铃

图 3-10　电梯常识（十）

11. 图 3-11 告诉我们：________________________________。

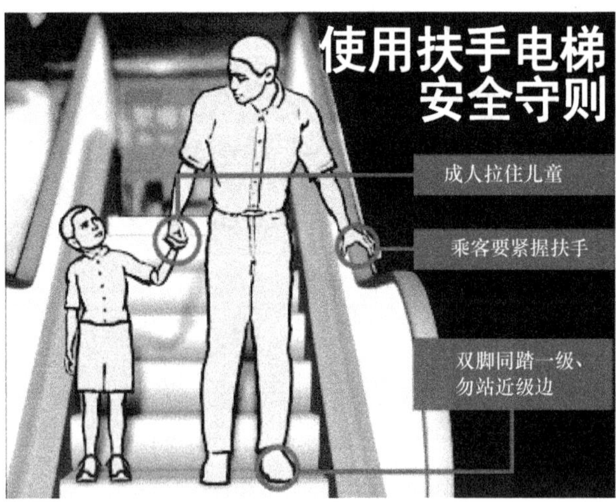

图 3-11　电梯常识（十一）

12. 图 3-12 告诉我们：____。

13. 图 3-13 告诉我们：____。

身体请勿倚靠电梯门，以免电梯开门时摔伤。

图 3-12　电梯常识（十二）

禁止超载运行。超载铃响时后进者退出。

图 3-13　电梯常识（十三）

引导问题 2：你知道在电梯安装、维保、使用中都有哪些安全标识吗？

1. 电梯安装时常见的标志如图 3-14 所示其含意是？

2. 电梯维护保养时使用的标志如图 3-15 所示其含意是？

图 3-14　电梯安装时常见标志

图 3-15　电梯维修保养时使用标志

3. 有电梯的场所常见的这样的标志如图 3-16 所示其含意是？
4. 搭乘扶梯时常见提示如图 3-17 所示其含意是？
5. 电梯轿厢里面常见的提示标志如图 3-18 所示其含意是？
6. 你能说出图 3-19 中分别代表什么含义吗？

图 3-16 有电梯场所常见标志

图 3-17 搭乘扶梯时常见提示

图 3-18 电梯轿厢内常见标志

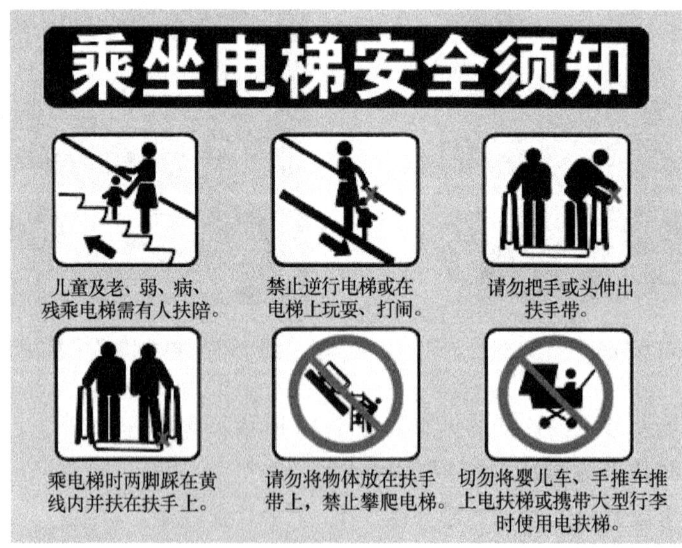

图 3-19 乘坐电梯安全须知

引导问题3： 某个住宅小区需要配置电梯，请问电梯设备进场之后，需要哪个工种的电梯技术人员进场工作呢？广州电视塔是我国的最高建筑物，里面安装了40多台各类型电梯，为了确保这些电梯的正常运行，需要不同岗位的技术人员一起协作，那么这些电梯需要什么资质的电梯作业人员呢？

1. 电梯行业的主要技术工种：安装、____________、____________、____________和____________。

2. 凡从事电梯的安装、____________、____________、____________的人员都必需考取质量技术监督局发的上岗证后才能上岗。若电梯公司录取没有上岗证的人员从事上述工作，质量技术监督局将对电梯公司作出相应的处罚。

3. 请写出电梯安装技术员所从事工作的主要内容（在下面空白处填写）。

4. 请写出电梯调试工程师所从事工作的主要内容（在下面空白处填写）。

5. 请写出电梯保养技术员所从事工作的主要内容（在下面空白处填写）。

6. 请写出电梯维修技术员从事工作的主要内容（在下面空白处填写）。

引导问题 4：你知道电梯行业与其他行业相比，特殊性在哪里吗？

1. 电梯行业因为其技术要求高并涉及人民生命财产安全，所以被纳入特种行业，其从属于________________________部门管理。

2. 凡涉及电梯的生产、__________、__________、__________和使用的单位都必需接受质量技术监督局的管理并且要得质量技术监督局的许可后，才能从事相关的活动。

3. 电梯的零部件和__________都必需接受质量技术监督局型式试验，且检验合格后才投放市场。

4. 凡涉及电梯的生产、__________、__________、__________的国家技术标准是由__________________________部门制定。

二、计划与实施

引导问题 5：电梯是机一体高度结合的现代化产物，在使用过程中要严格遵守安全规程，因为违反安全规程而导致辞人员伤亡事故时有发生。你知道电梯有哪些文明乘梯的规程吗？当你学习完这节知识之后，相信你会变成一名文质彬彬的电梯乘客，关爱电梯，珍惜生命，文明乘梯，从我做起。

读图 3-20 并将心得体会写下来。

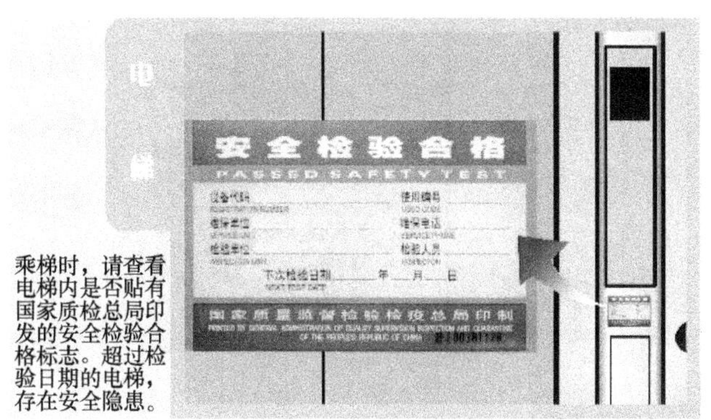

a)

b)

2、候梯时，请靠边站立，以方便乘客走出电梯。

c)

3、如果电梯满员，请耐心等待电梯的下一次服务。不可采用拥挤的方法进入电梯轿厢。

d)

图 3-20　文明乘梯规程

e)

5、请留意脚下情况，小心快速进出电梯。

f)

g)

图 3-20　文明乘梯规程（续）

h)

i)

j)

图 3-20　文明乘梯规程（续）

k)

l)

m)

图 3-20　文明乘梯规程（续）

n)

o)

p)

图 3-20　文明乘梯规程（续）

q)

r)

图 3-20　文明乘梯规程（续）

看完上述图片，同学们有什么心得或疑问吗？请把它简要的写下来。

带着这些疑问和困惑，我们开始新的旅程。接下来我们准备去参观一家电梯公司，这家企业的名称是：______________________电梯公司，位于______________________。经过现场参观、实地观察、专家讲座，各位同学对电梯行业已经有了初步的认识，请问各位同学准备如何开展自己的学习？请把它写下来，形成一份职业规划书。

职 业 规 划

班级：　　　　　　　　学号：　　　　　　　　姓名：

三、评价与反馈

完成本学习任务后，请对学习过程和结果的质量进行评价和总结，填写表3-1评价反馈表。自我评价由学习者本人填写，小组评价由组长填写，教师评价由任课教师填写。

表3-1　评价反馈表

<table>
<tr><td>班级</td><td colspan="2"></td><td>姓名</td><td></td><td>学号</td><td></td><td>日期</td><td>年　月　日</td></tr>
<tr><td colspan="9">学习任务名称：</td></tr>
<tr><td rowspan="10">自我评价</td><td>1</td><td colspan="3">能按时上、下课</td><td colspan="5">□是　□否</td></tr>
<tr><td>2</td><td colspan="3">着装规范</td><td colspan="5">□是　□否</td></tr>
<tr><td>3</td><td colspan="3">能独立完成工作页的填写</td><td colspan="5">□是　□否</td></tr>
<tr><td>4</td><td colspan="3">能利用网络资源、专业报告等查找有效信息</td><td colspan="5">□是　□否</td></tr>
<tr><td>5</td><td colspan="3">会列出对我国电梯工种的工作内容的问题</td><td colspan="5">□是　□否</td></tr>
<tr><td>6</td><td colspan="3">能通过参观电梯公司，获取有效信息</td><td colspan="5">□是　□否</td></tr>
<tr><td>7</td><td colspan="3">能形成《职业生涯计划书》</td><td colspan="5">□是　□否</td></tr>
<tr><td>8</td><td colspan="3">能组织专家座谈会</td><td colspan="5">□是　□否</td></tr>
<tr><td>9</td><td colspan="3">能分析专家提出意见</td><td colspan="5">□优　□良　□中　□差</td></tr>
<tr><td>10</td><td colspan="8">总结与反思：</td></tr>
<tr><td rowspan="7">小组评价</td><td>11</td><td colspan="3">在小组讨论中能积极发言</td><td colspan="5">□优　□良　□中　□差</td></tr>
<tr><td>12</td><td colspan="3">能积极配合小组成员完成工作任务</td><td colspan="5">□优　□良　□中　□差</td></tr>
<tr><td>13</td><td colspan="3">在参观电梯公司的表现</td><td colspan="5">□优　□良　□中　□差</td></tr>
<tr><td>14</td><td colspan="3">能够清晰表达自己的观点</td><td colspan="5">□优　□良　□中　□差</td></tr>
<tr><td>15</td><td colspan="3">安全意识与规范意识</td><td colspan="5">□优　□良　□中　□差</td></tr>
<tr><td>16</td><td colspan="3">遵守课堂纪律</td><td colspan="5">□优　□良　□中　□差</td></tr>
<tr><td>17</td><td colspan="3">积极参与汇报展示</td><td colspan="5">□优　□良　□中　□差</td></tr>
<tr><td rowspan="2">教师评价</td><td>18</td><td colspan="3">综合评价等级</td><td colspan="5">□优　□良　□中　□差</td></tr>
<tr><td>19</td><td colspan="8">评语：

教师签名：________　____年____月____日</td></tr>
</table>

国 家 级 职 业 教 育 规 划 教 材
人力资源和社会保障部职业能力建设司推荐
全国中等职业技术学校印刷专业教材

印刷成本计算

（第二版）

人力资源和社会保障部教材办公室组织编写

王国庆 主 编
杨速章 主 审

中国劳动社会保障出版社

图书在版编目(CIP)数据

印刷成本计算/王国庆主编. —2 版. —北京：中国劳动社会保障出版社，2013
全国中等职业技术学校印刷专业教材
ISBN 978-7-5167-0333-5

Ⅰ.①印… Ⅱ.①王… Ⅲ.①印刷工业-成本计算-中等专业学校-教材 Ⅳ.①F407.846.72

中国版本图书馆 CIP 数据核字(2013)第 143082 号

中国劳动社会保障出版社出版发行
（北京市惠新东街 1 号　邮政编码：100029）
出　版　人：张梦欣
*
北京市科星印刷有限责任公司印刷装订　　新华书店经销
787 毫米 ×1092 毫米　16 开本　6 印张　139 千字
2013 年 7 月第 2 版　　2024 年 5 月第 6 次印刷
定价：12.00 元

营销中心电话：400-606-6496
出版社网址：http://www.class.com.cn
http://jg.class.com.cn